THE INVENTA BOOK OF STRUCTURES

儿童结构大师

〔英〕戴夫·卡特林◎著

〔英〕马尔科姆·利文斯通◎绘

李 亮　郭珮涵◎译

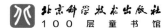

北京科学技术出版社
100 层童书馆

The Inventa Book of Structures

First published in the UK English edition by

© 2021 Dave Catlin. All rights reserved.

Published 1985 by Valiant Technology Ltd.

ISBN-13: 978-0-9523651-1-2, ISBN: 0-9523651-1-1

Simplified Chinese translation copyright © 2024 by Beijing Science and Technology Publishing Co., Ltd.

Simplified Chinese translation rights arranged through Inbooker Cultural Development (Beijing) Co., Ltd.

著作权合同登记号　图字：01-2024-2811

图书在版编目（CIP）数据

儿童结构大师 /（英）戴夫·卡特林著；（英）马尔
科姆·利文斯通绘；李亮，郭珮涵译. -- 北京：北京
科学技术出版社，2024. -- ISBN 978-7-5714-4110-4

Ⅰ. TU3-49

中国国家版本馆 CIP 数据核字第 20241LH164 号

策划编辑：何新月	电　话：0086-10-66135495（总编室）
责任编辑：张　芳	0086-10-66113227（发行部）
封面设计：王思毅	网　址：www.bkydw.cn
图文制作：沈学成	印　刷：北京顶佳世纪印刷有限公司
责任印制：李　茗	开　本：889 mm×1194 mm　1/20
出 版 人：曾庆宇	字　数：78 千字
出版发行：北京科学技术出版社	印　张：6.2
社　　址：北京西直门南大街 16 号	版　次：2024 年 12 月第 1 版
邮政编码：100035	印　次：2024 年 12 月第 1 次印刷
ISBN 978-7-5714-4110-4	

定　　价：78.00 元

目 录

本书说明

1. 箭头  表示载荷。箭头 说明了结构如何应对载荷。箭头 展现了力在结构内部如何传递。

2. 本书中，又细又长、一压就弯的物体被称为杆。

结构是什么？

结构支撑着载荷。

结构是怎么工作的？

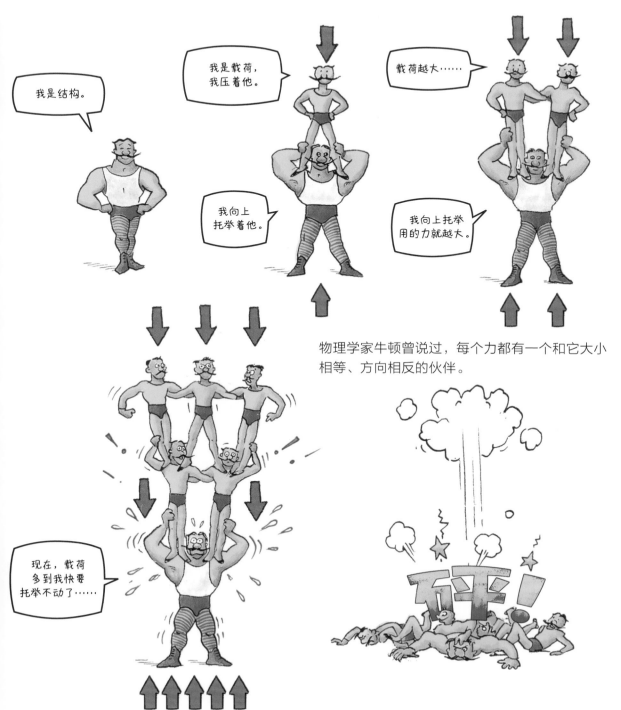

物理学家牛顿曾说过，每个力都有一个和它大小相等、方向相反的伙伴。

自然界中的 **结构**

人造结构

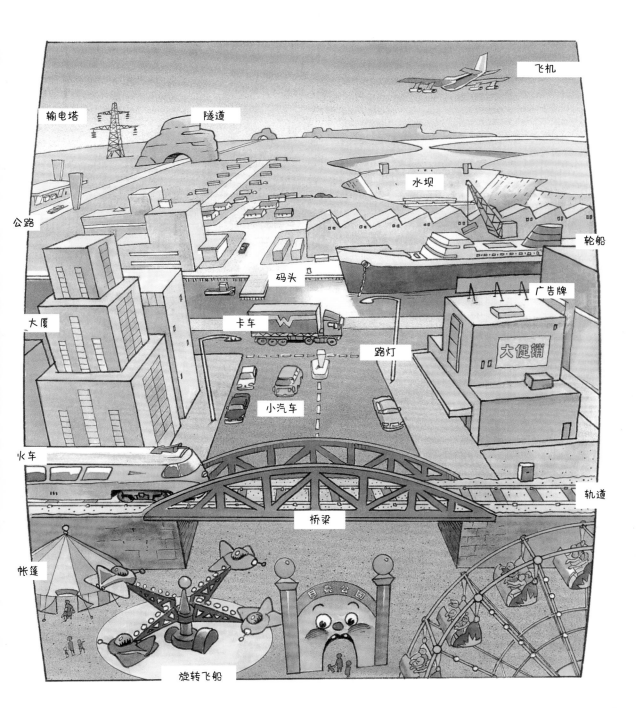

飞机

输电塔 隧道

公路

水坝

轮船

码头

广告牌

大厦

卡车

路灯

大促销

小汽车

火车

轨道

桥梁

帐篷

旋转飞船

载荷 的类型

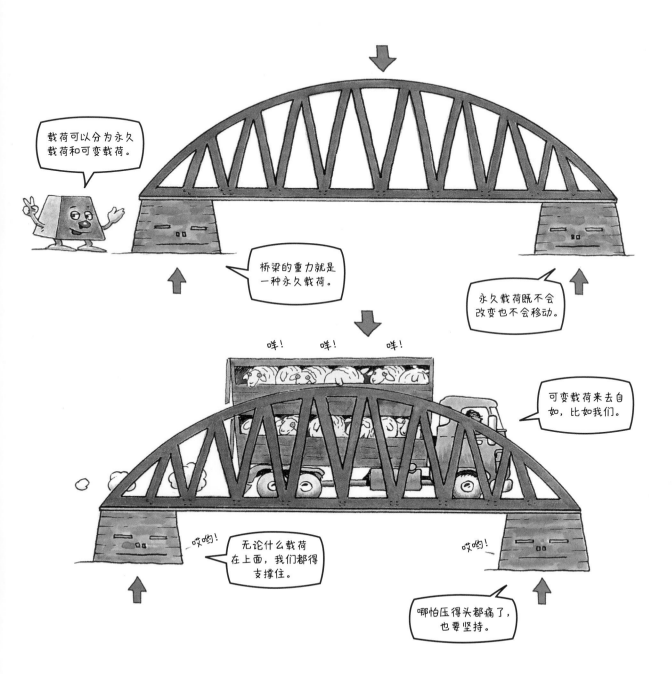

载荷

这就是在模拟地震发生时建筑物的样子：地面像桌布一样被拉动，房子就会像桌上的物体一样倾倒。

温度变化可以产生载荷。

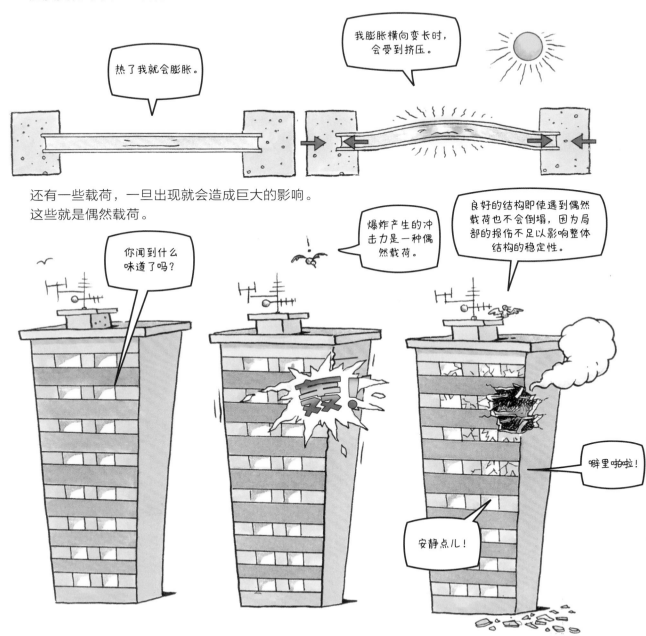

还有一些载荷，一旦出现就会造成巨大的影响。
这些就是偶然载荷。

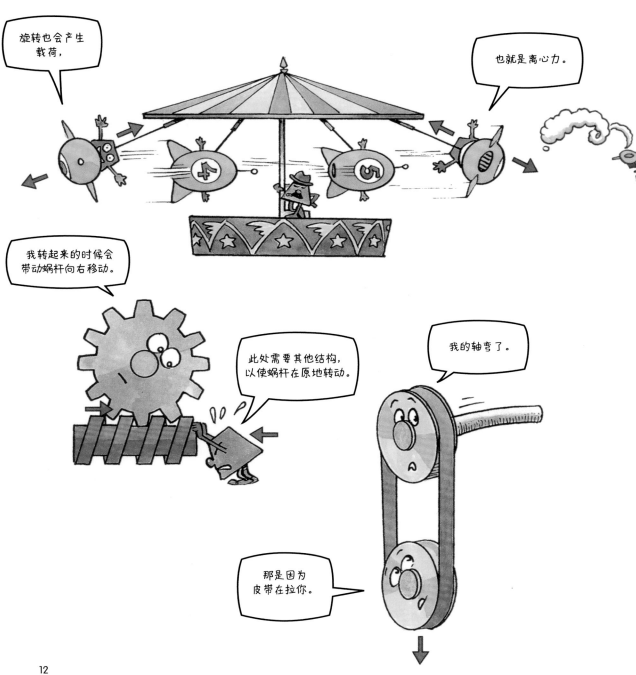

在载荷的作用下，**材料**如何变化？

当木板受到剪切力时……

它会滑移。

应 力

即便是伽利略和达芬奇这样的聪明人，也被结构问题困扰了很久。
直到 1822 年，法国的柯西男爵提出应力的概念，结构问题才变
得容易解决了。

$$应力 = \frac{载荷}{面积} = \frac{1}{1} = 1 千克/厘米^2$$

应 变

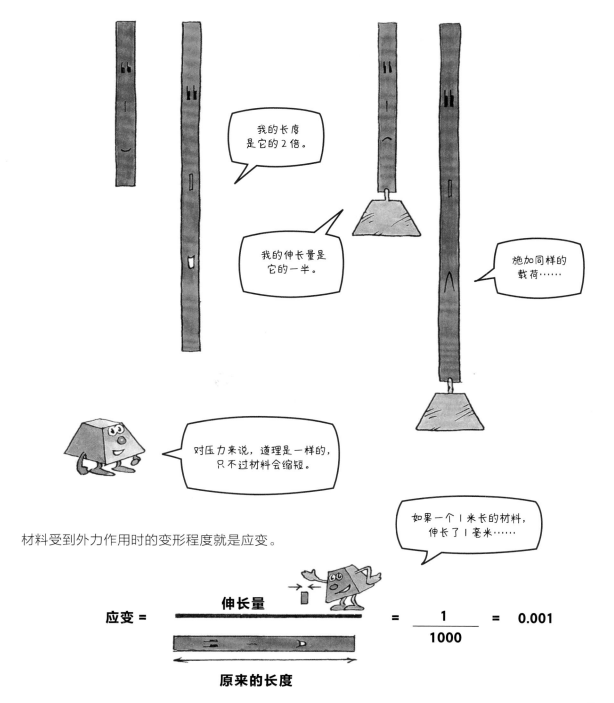

材料受到外力作用时的变形程度就是应变。

$$应变 = \frac{伸长量}{原来的长度} = \frac{1}{1000} = 0.001$$

弹 性

拉扯我，我就伸长了。

伸长量

用2倍的力气拉扯我，我就伸长2倍。

2倍的伸长量

嘣!

放开我，我就回到原来的长度……

因为我有弹性。

1679年，罗伯特·胡克先生发现了这个规律，因此我们叫它胡克定律。

材料强度

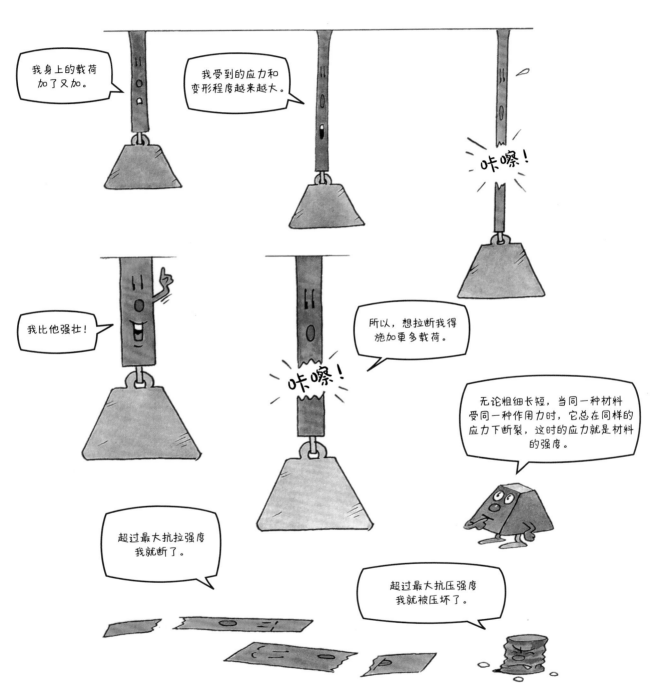

比较材料

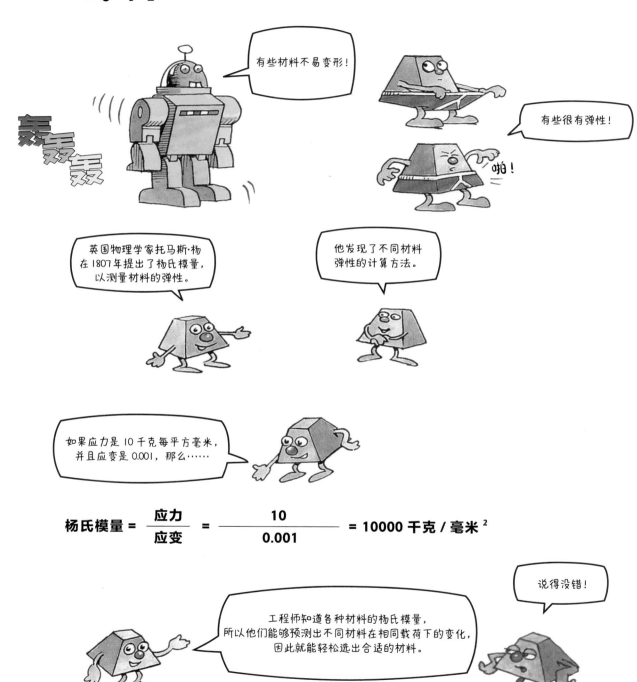

有些材料不易变形！

有些很有弹性！

咣叽咣叽

啪！

英国物理学家托马斯·杨在1807年提出了杨氏模量，以测量材料的弹性。

他发现了不同材料弹性的计算方法。

如果应力是10千克每平方毫米，并且应变是0.001，那么……

$$\text{杨氏模量} = \frac{\text{应力}}{\text{应变}} = \frac{10}{0.001} = 10000\ \text{千克/毫米}^2$$

说得没错！

工程师知道各种材料的杨氏模量，所以他们能够预测出不同材料在相同载荷下的变化，因此就能轻松选出合适的材料。

材料**特性**

材料不同，它们的**弹性**和**强度**也各不相同。

结构强度

结构 失效啦！

当一个结构没有达到设计目的时，它就失效了。

27

稳定性

为什么是这样的**结构**？

原始人建造的**结构**很小、很简单。

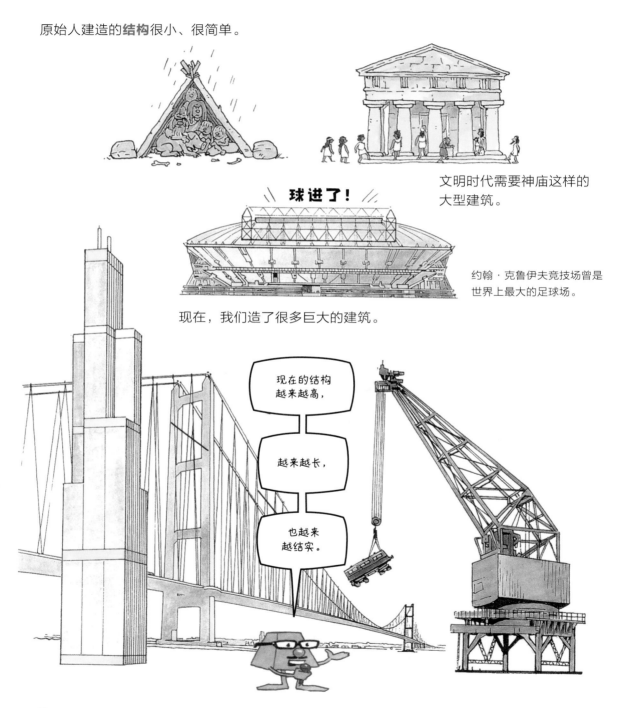

文明时代需要神庙这样的大型建筑。

球进了！

约翰·克鲁伊夫竞技场曾是世界上最大的足球场。

现在，我们造了很多巨大的建筑。

现在的结构越来越高，

越来越长，

也越来越结实。

更容易建造

建造速度更快

更好看

安全因素

人们建造过很多伟大的结构，至今屹立不倒。

不过，也有很多结构倒下了。

19 世纪，美国每年有 20 多座铁路大桥垮塌。

1826 年，苏格兰工程师托马斯·特尔福德在英格兰和威尔士之间建起了梅奈吊桥。

这是当时的工程奇迹。当工人们安装完大桥的最后一个部件时，特尔福德祈求着桥千万别塌了。

第二次世界大战期间，美国有很多艘
自由轮发生断裂事故。

这是因为当时的人们对结构还不够了解，
出现了设计失误。

今天，我们已经掌握了
结构的很多工作原理。

但很多时候，我们仍然不太清楚
结构到底需要承受多大载荷。

嘀嘀！

为了不出问题，我们把结构建得比实际需要的更结实。如果结构承受 2 倍目标载荷才会断裂，
那么它的安全系数就是 2。

连接件

我们从一些**基础的**部件开始创造结构。

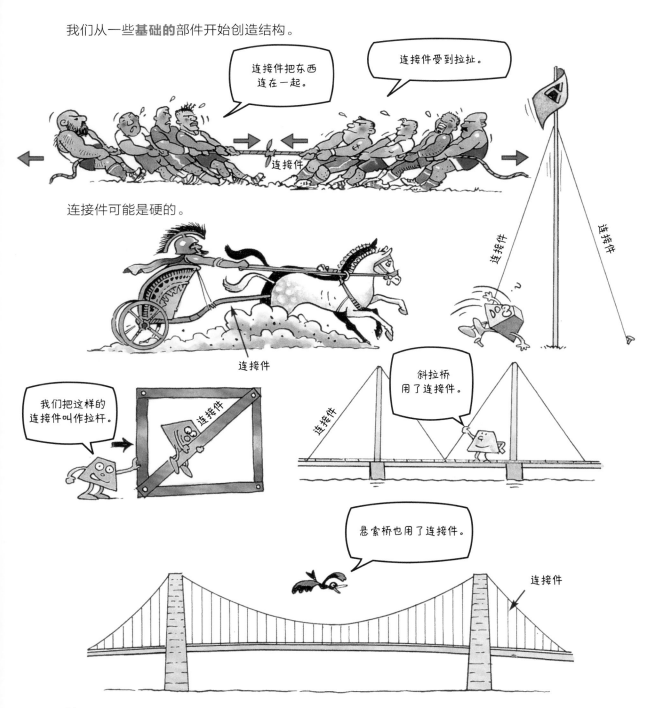

连接件把东西连在一起。

连接件受到拉扯。

连接件

连接件可能是硬的。

连接件

连接件

连接件

我们把这样的连接件叫作拉杆。

连接件

斜拉桥用了连接件。

连接件

悬索桥也用了连接件。

连接件

柱 子

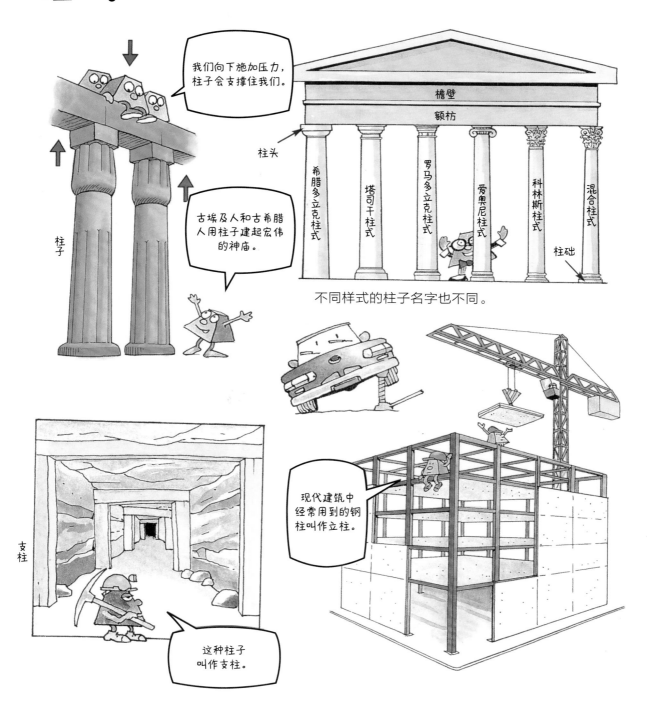

我们向下施加压力，柱子会支撑住我们。

古埃及人和古希腊人用柱子建起宏伟的神庙。

柱子

檐壁

额枋

柱头

希腊多立克柱式

塔司干柱式

罗马多立克柱式

爱奥尼柱式

科林斯柱式

混合柱式

柱础

不同样式的柱子名字也不同。

支柱

这种柱子叫作支柱。

现代建筑中经常用到的钢柱叫作立柱。

杆

砖和石头

中国人修建长城来抵御外敌入侵。长城是用石头和砖等建造的，是世界上最长的结构。

古代的建筑工人将它用在各种地方。

石头是大自然中的一种材料。

石头很适合用来建造防御工事。

大约公元前 6000 年，在美索不达米亚（今伊拉克），那里的人们最先造出了砖。

把泥土和杂草塞进一个模具里，

放在太阳底下晒一晒。等晒干了，砖就做好啦！

嗷！

咯吱！

砰！

梁

41

固端梁

哪里能看到梁？

我是一种梁，叫额枋。

单杠和跷跷板也是一种梁。

由桥墩支撑的桥和由车轮支撑的小汽车也可以看作梁。

梁还可以是这样的。

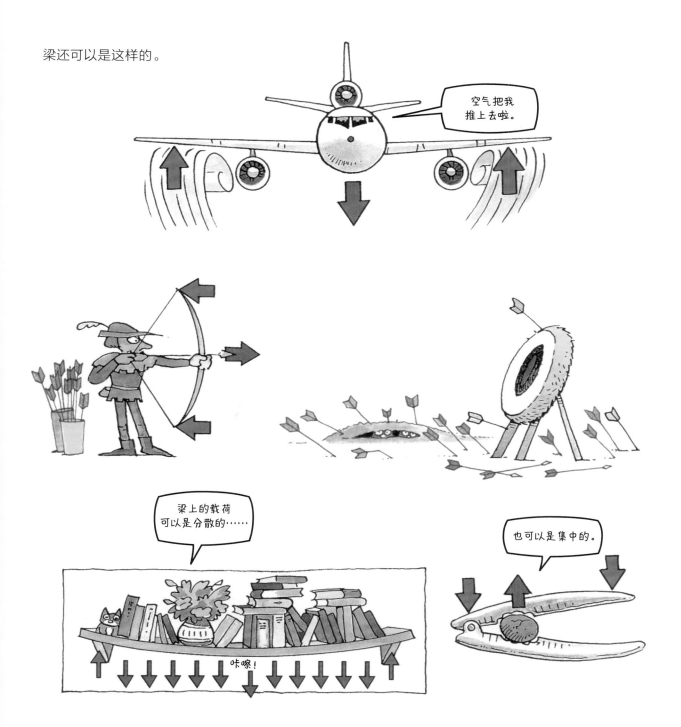

空气把我推上去啦。

梁上的载荷可以是分散的……

咔嚓!

也可以是集中的。

悬臂梁

如果一根梁像打水的杆子一样中间向上拱起，我们就说它"上凸"；相反地，第39页中的梁向下弯曲，我们说它"下凹"。

哪里能看到**悬臂梁**？

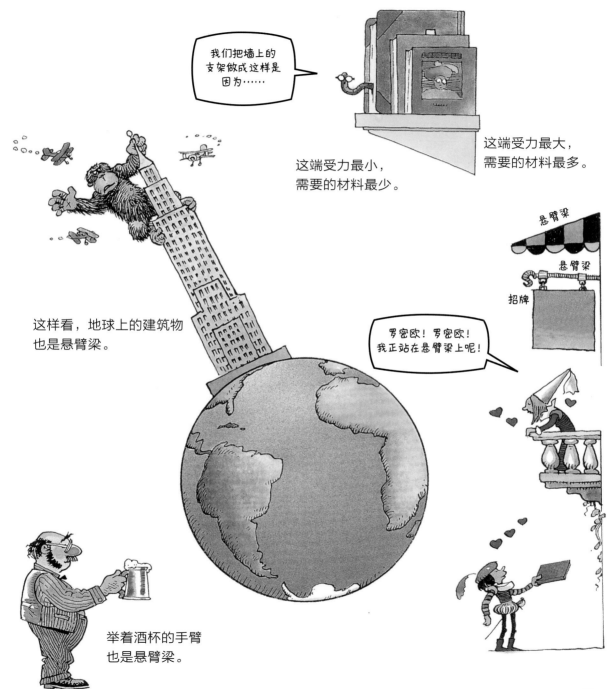

我们把墙上的支架做成这样是因为……

这端受力最小，需要的材料最少。

这端受力最大，需要的材料最多。

这样看，地球上的建筑物也是悬臂梁。

悬臂梁

悬臂梁

招牌

罗密欧！罗密欧！我正站在悬臂梁上呢！

举着酒杯的手臂也是悬臂梁。

1889 年，福斯桥在苏格兰建成，它被看作工程设计史上的里程碑。这座悬臂桥的每个主跨为 521 米。

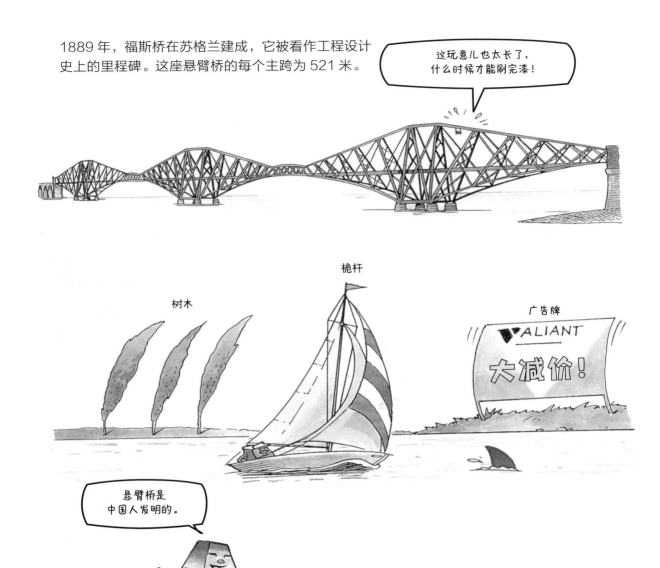

机械臂

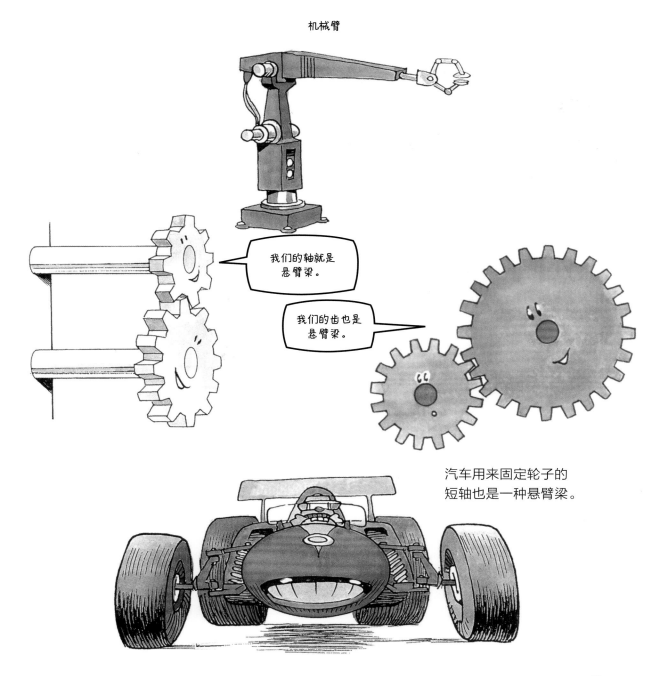

我们的轴就是悬臂梁。

我们的齿也是悬臂梁。

汽车用来固定轮子的短轴也是一种悬臂梁。

材料

复合材料

把具有不同优点的材料结合在一起，可以制作出更好的材料，我们把这样的材料叫作复合材料。

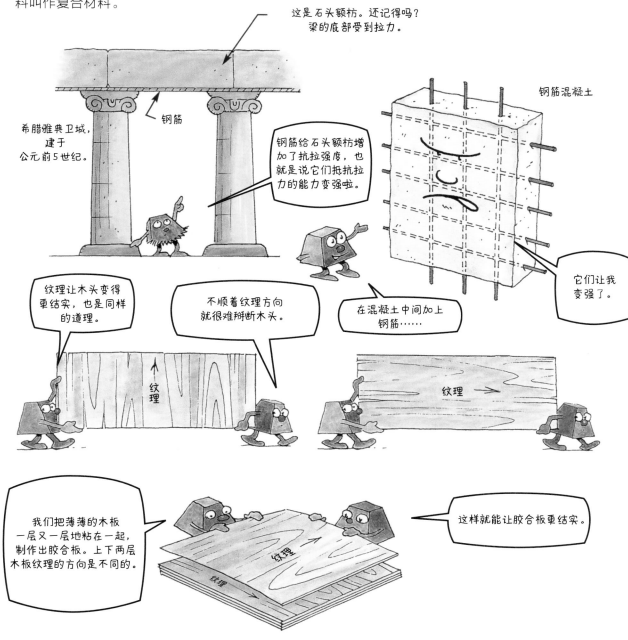

这是石头额枋。还记得吗？梁的底部受到拉力。

钢筋混凝土

希腊雅典卫城，建于公元前5世纪。

钢筋

钢筋给石头额枋增加了抗拉强度，也就是说它们抵抗拉力的能力变强啦。

它们让我变强了。

纹理让木头变得更结实，也是同样的道理。

不顺着纹理方向就很难掰断木头。

在混凝土中间加上钢筋……

纹理

纹理

我们把薄薄的木板一层又一层地粘在一起，制作出胶合板。上下两层木板纹理的方向是不同的。

纹理

纹理

这样就能让胶合板更结实。

玻璃纤维、碳纤维、芳纶纤维
等都是新型复合材料。

三明治结构

三明治结构的表面是金属或者增强塑料。

尺　寸

形 状

如果你把薄的材料加工成特定的形状……

它们也会变得结实。

瞧，这是一辆用薄钢板造的车。

尺寸和形状

改变材料的尺寸或形状，能有效改善结构。

细长的杆容易弯曲。

管壁薄的粗圆管不容易弯曲。

把杆变短也可以避免弯曲。

还记得那些梁都是什么尺寸和形状的吗？

我又高又瘦，而且用料恰到好处。（回到第 41 页看看这是为什么吧！）

第 46 页已经告诉过你为什么支架长这样啦。

组合方式

减小**载荷**

59

轻巧的结构

预应力

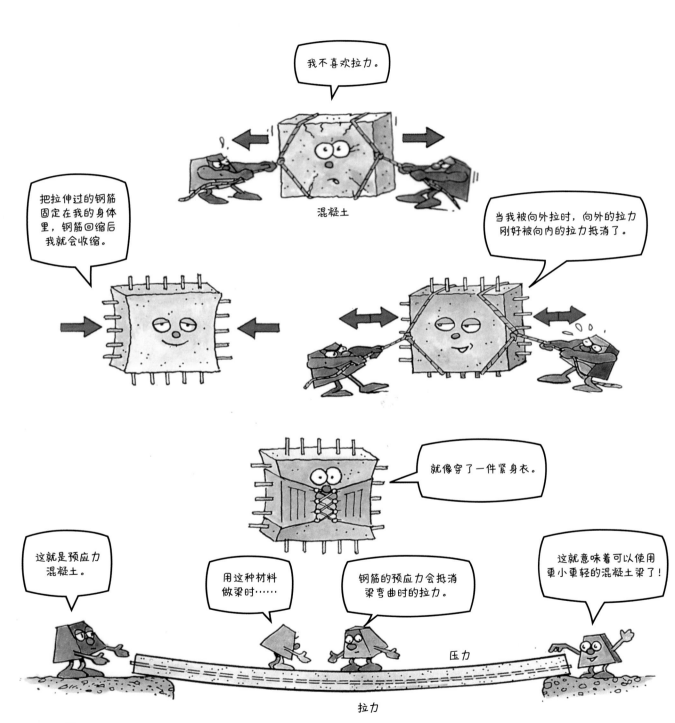

支撑与固定

简支梁

我们可以通过改变支撑方式来改进结构……

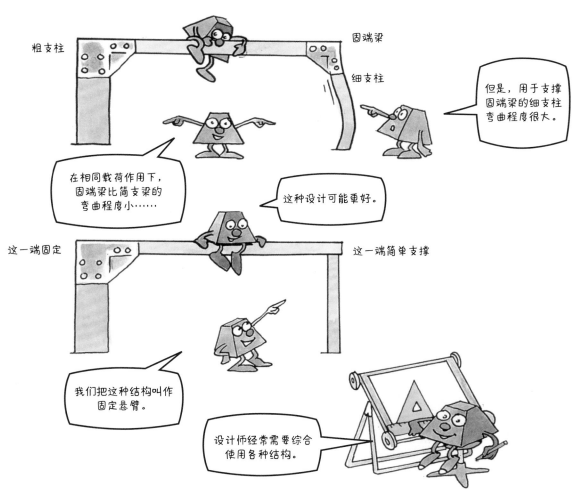

粗支柱

固端梁

细支柱

但是，用于支撑固端梁的细支柱弯曲程度很大。

在相同载荷作用下，固端梁比简支梁的弯曲程度小……

这种设计可能更好。

这一端固定

这一端简单支撑

我们把这种结构叫作固定悬臂。

设计师经常需要综合使用各种结构。

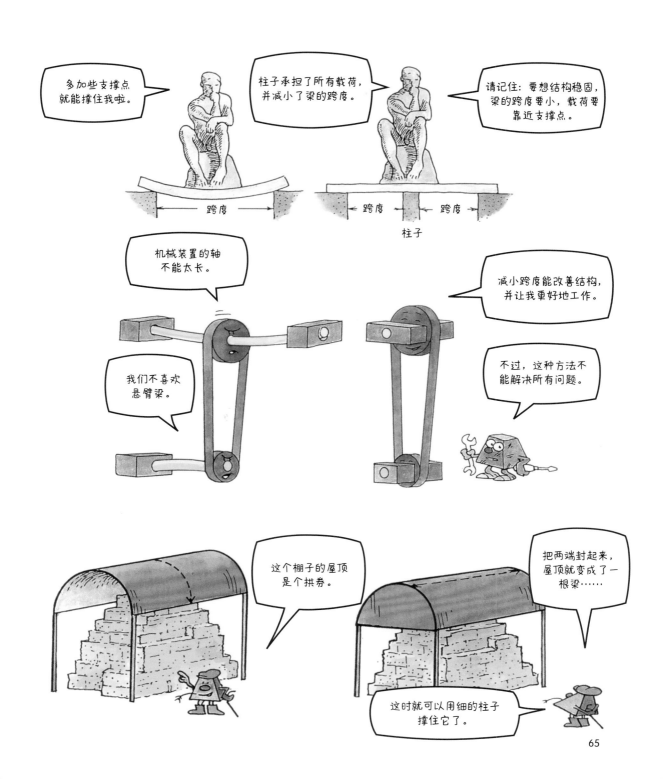

均布载荷

当你身体的载荷都集中在脚尖上时，站立就变得很困难。

啊！

这样就好多了！

把载荷分散到更大的面积上，可以让结构更稳固。

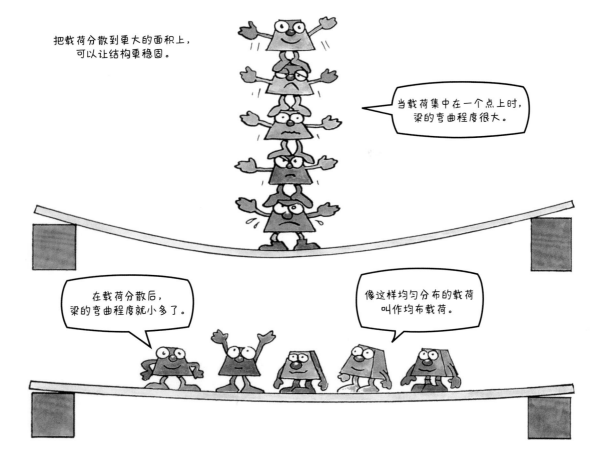

当载荷集中在一个点上时，梁的弯曲程度很大。

在载荷分散后，梁的弯曲程度就小多了。

像这样均匀分布的载荷叫作均布载荷。

横肋和纵梁

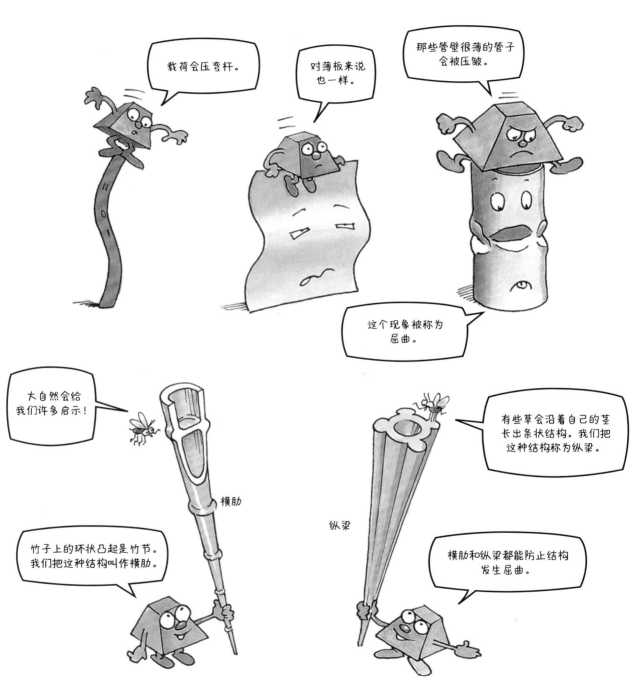

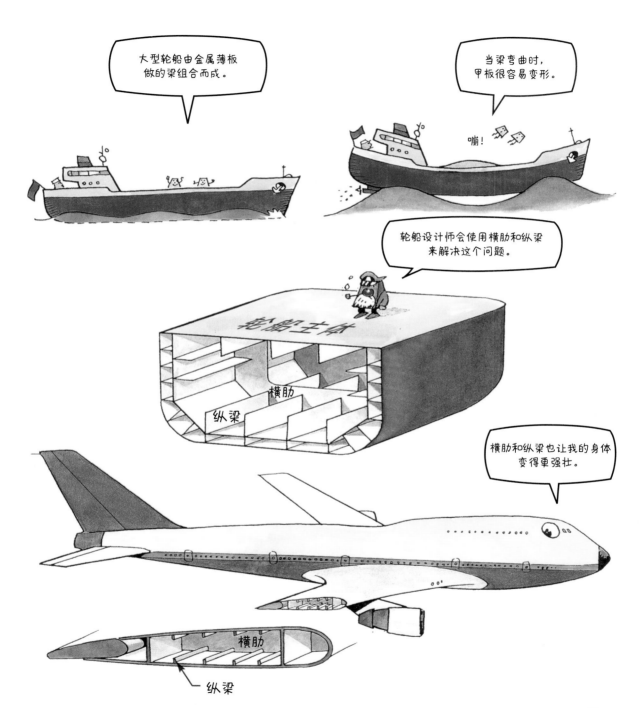

拱券

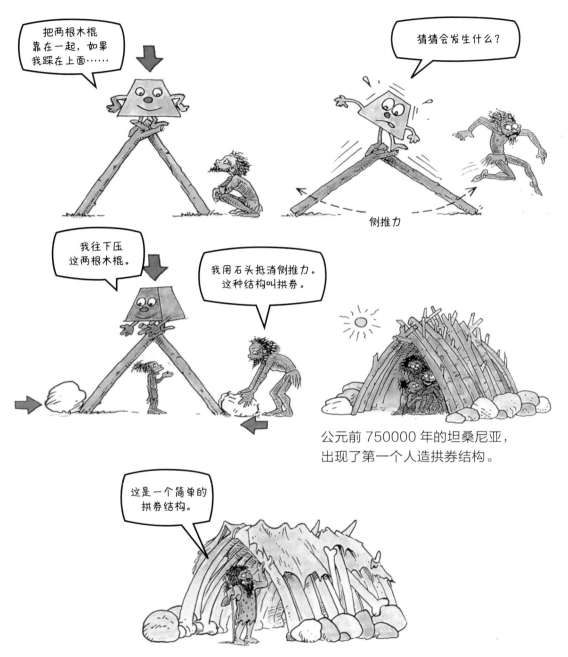

公元前 750000 年的坦桑尼亚，
出现了第一个人造拱券结构。

在公元前 25000 年的下维斯特尼采（今捷克共和国），
人们利用猛犸象骨建造起一座全都是拱券结构的村庄。

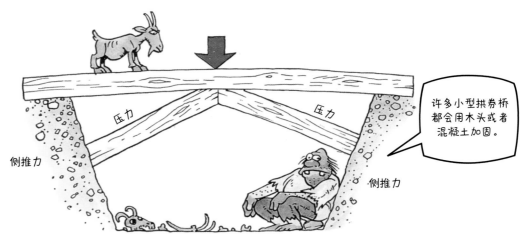

1779 年，英国人亚伯拉罕·达比三世在英格兰的科尔布鲁克代尔建造了世界上第一座铸铁拱券桥。

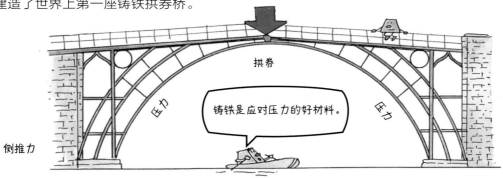

拱

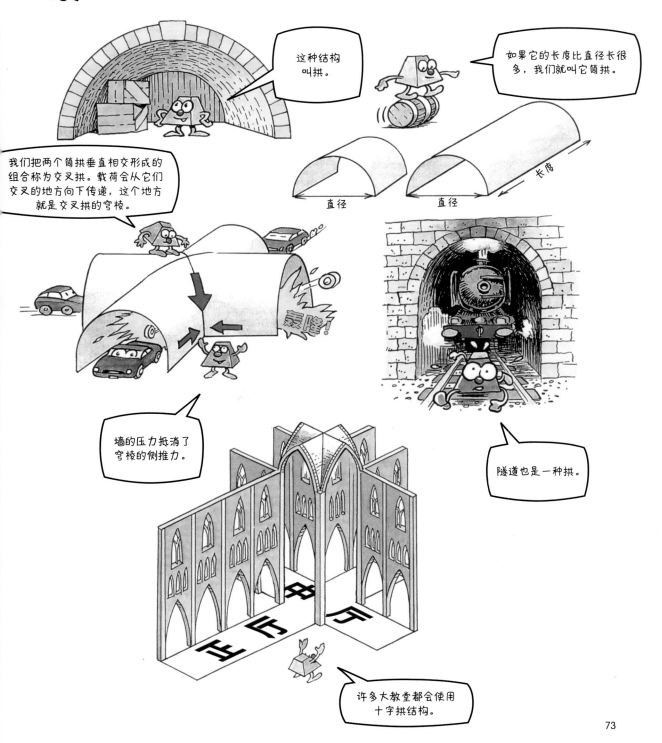

穹顶

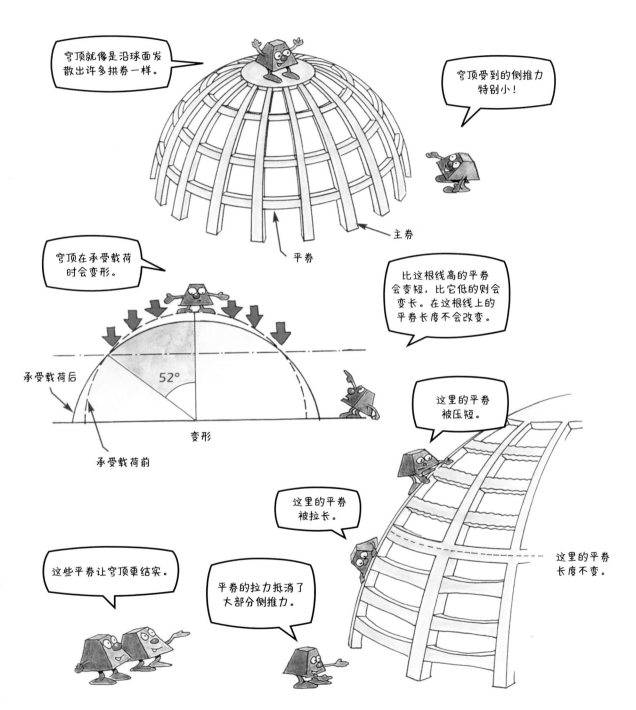

穹顶就像是沿球面发散出许多拱券一样。

穹顶受到的侧推力特别小！

主券

平券

穹顶在承受载荷时会变形。

比这根线高的平券会变短，比它低的则会变长。在这根线上的平券长度不会改变。

承受载荷后

52°

变形

承受载荷前

这里的平券被压短。

这里的平券被拉长。

这里的平券长度不变。

这些平券让穹顶更结实。

平券的拉力抵消了大部分侧推力。

世界上有很多极为壮观的建筑都使用了穹顶。

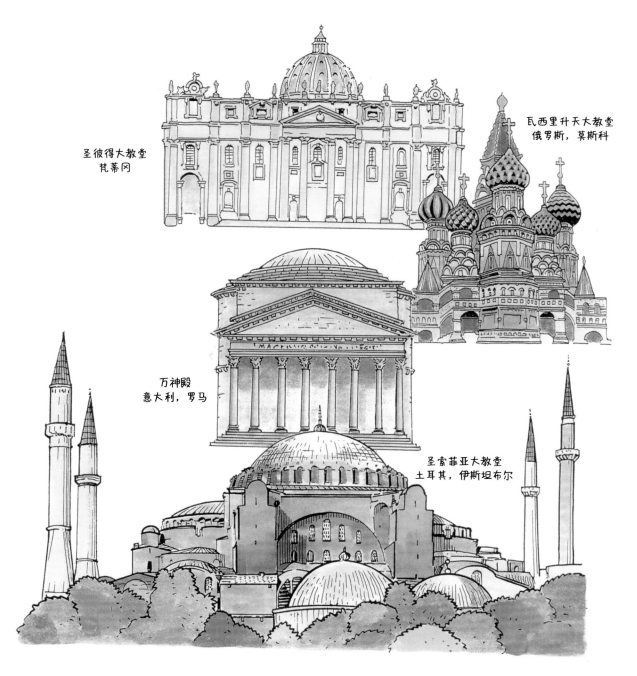

瓦西里升天大教堂
俄罗斯，莫斯科

圣彼得大教堂
梵蒂冈

万神殿
意大利，罗马

圣索菲亚大教堂
土耳其，伊斯坦布尔

公元前 1400 年，迈锡尼人建造的房屋有叠涩穹顶。

冰屋也是穹顶结构。

大型体育馆的屋顶常常为现代化的钢结构穹顶。

一些产品包装也采用了穹顶结构！

扶 壁

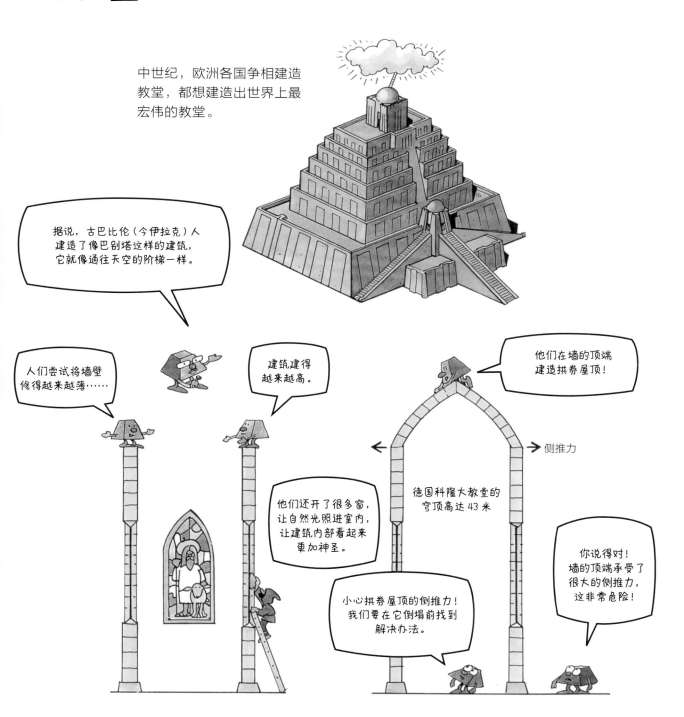

中世纪，欧洲各国争相建造教堂，都想建造出世界上最宏伟的教堂。

据说，古巴比伦（今伊拉克）人建造了像巴别塔这样的建筑，它就像通往天空的阶梯一样。

人们尝试将墙壁修得越来越薄……

建筑建得越来越高。

他们在墙的顶端建造拱券屋顶！

侧推力

他们还开了很多窗，让自然光照进室内，让建筑内部看起来更加神圣。

德国科隆大教堂的穹顶高达 43 米

小心拱券屋顶的侧推力！我们要在它倒塌前找到解决办法。

你说得对！墙的顶端承受了很大的侧推力，这非常危险！

飞扶壁

为了支撑墙体，中世纪的石匠发明了飞扶壁。飞扶壁是扶壁的一种。

它虽然不是教堂，但有扶壁。

广告牌背面

扶壁

哟！这块广告牌背面竟然有扶壁。

梁

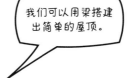

我们可以用梁搭建出简单的屋顶。

史前时期，人们居住在地下洞穴里。他们把木梁架在洞的顶部，再盖上泥土。

这可承受不住像我这样大的载荷。

哇，成功了！

伊万尼齐，让我们改变世界吧！

三角桁架

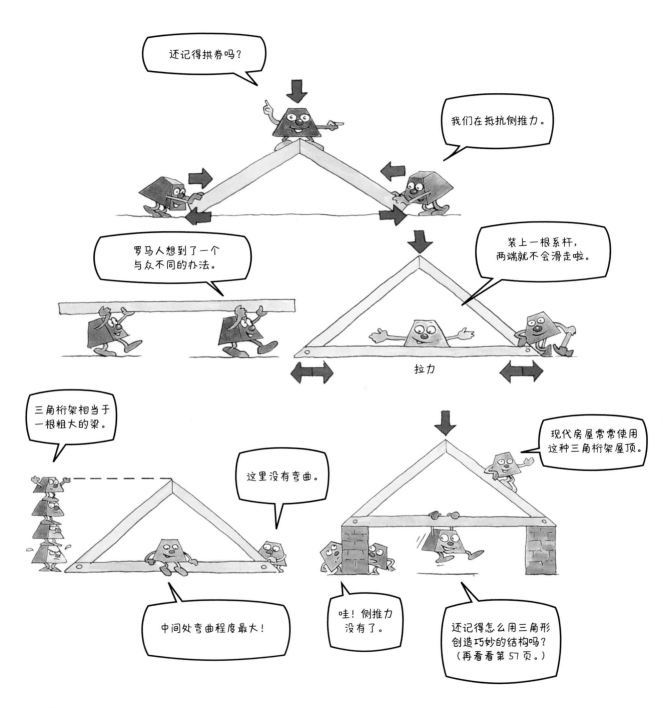

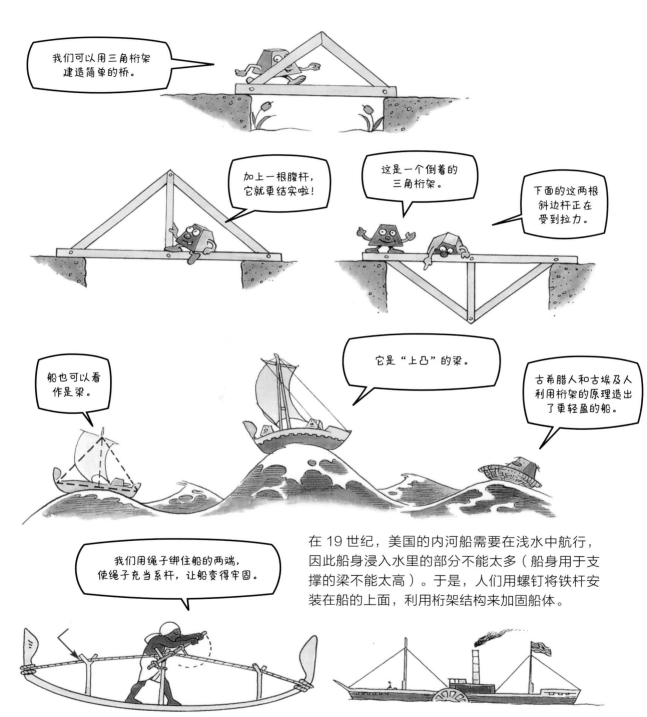

在 19 世纪，美国的内河船需要在浅水中航行，因此船身浸入水里的部分不能太多（船身用于支撑的梁不能太高）。于是，人们用螺钉将铁杆安装在船的上面，利用桁架结构来加固船体。

英国伦敦的威斯敏斯特教堂曾在重建中使用了托臂梁桁架。

框 架

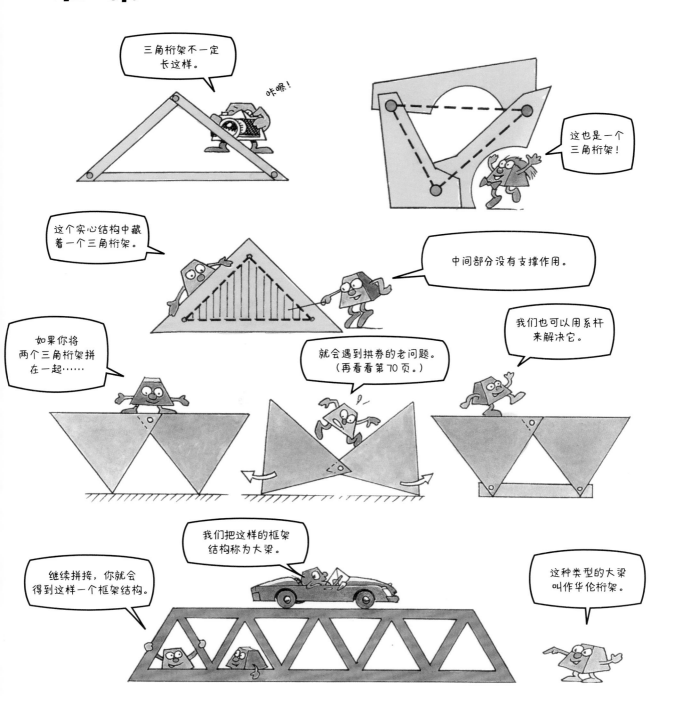

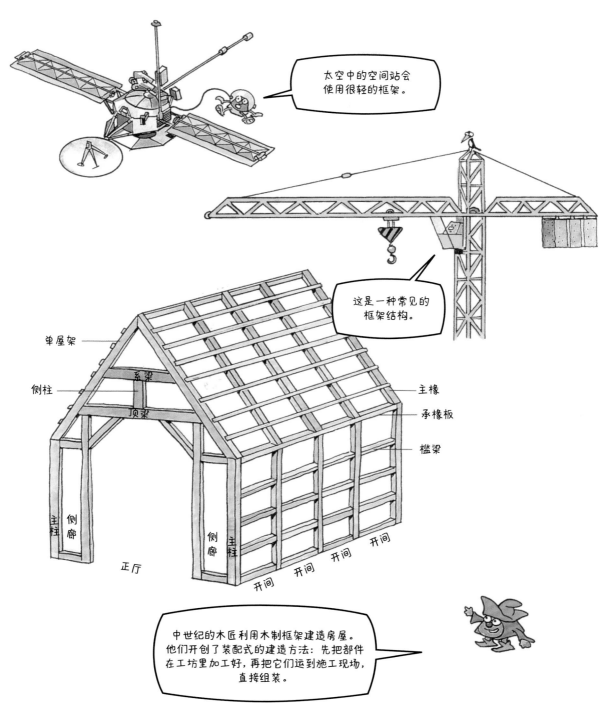

太空中的空间站会
使用很轻的框架。

这是一种常见的
框架结构。

单屋架

侧柱

系梁

顶梁

主椽

承椽板

槛梁

主柱

侧廊

正厅

侧廊

主柱

开间

开间

开间

开间

中世纪的木匠利用木制框架建造房屋。
他们开创了装配式的建造方法：先把部件
在工坊里加工好，再把它们运到施工现场，
直接组装。

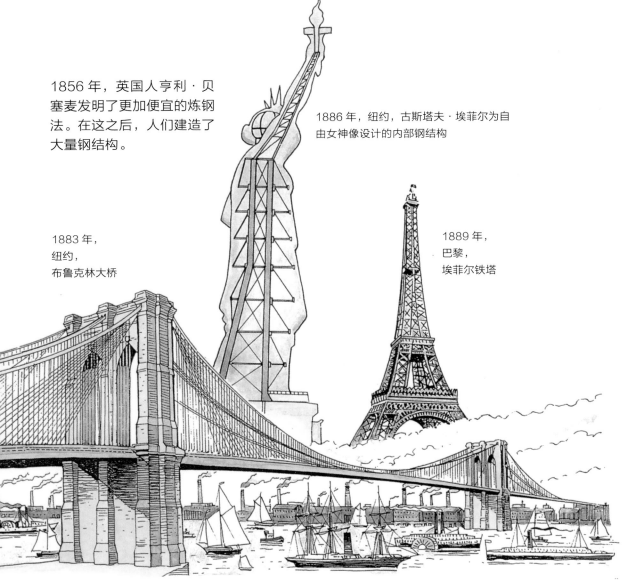

1856 年，英国人亨利·贝塞麦发明了更加便宜的炼钢法。在这之后，人们建造了大量钢结构。

1886 年，纽约，古斯塔夫·埃菲尔为自由女神像设计的内部钢结构

1883 年，
纽约，
布鲁克林大桥

1889 年，
巴黎，
埃菲尔铁塔

19 世纪，人们涌向城市，城市迅速扩张。

工业革命

因为城市可用的土地有限，所以建筑变高了。

立体框架

绳子和悬链线

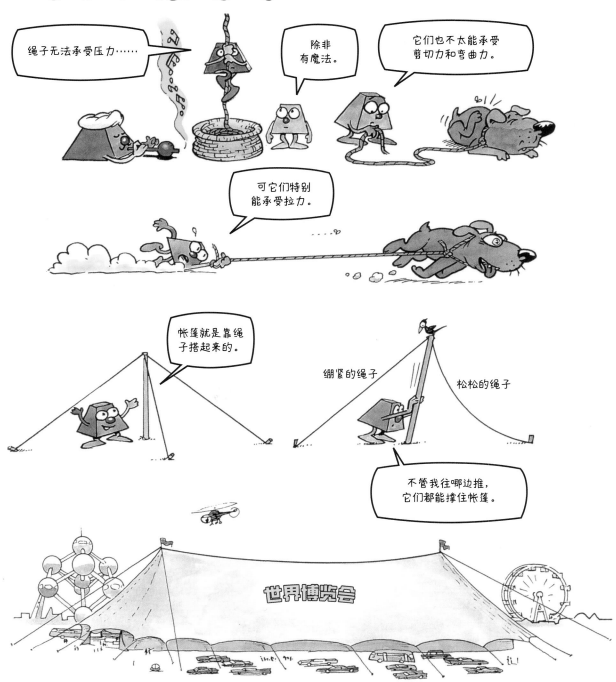

1958 年，比利时布鲁塞尔世界博览会上出现了当时世界上最大的"帐篷"，
占地面积为 17500 平方米。

起重机使用的是结实的钢索。

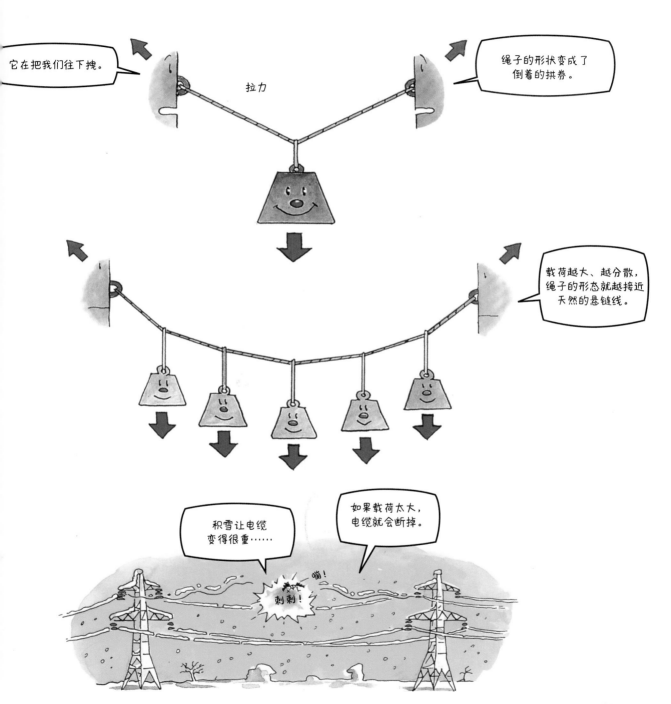

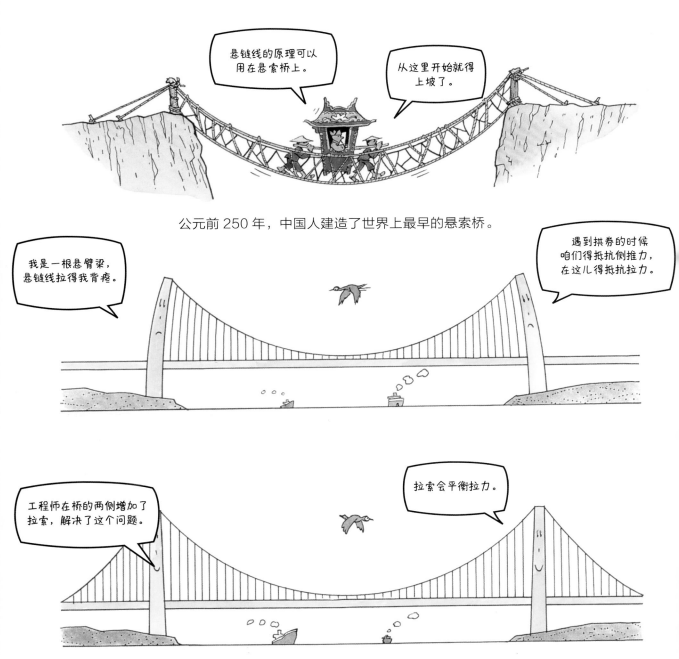

公元前 250 年，中国人建造了世界上最早的悬索桥。

1801 年，美国宾夕法尼亚州，芬利设计了最早的现代悬索桥。
英国的亨伯桥主跨为 1410 米，日本的明石海峡大桥主跨为 1991 米。

自行车轮

你可以压扁铁环。

你也可以很容易地把铁丝弄弯。

然而，它们的组合体很结实。

这样的轮子容易被压扁。

像这样增加辐条，轮子就不容易被压扁了。

我压！

我压！

瞧，辐条都被预先张紧，受到了拉力。

奥地利的维也纳摩天轮曾是世界上最大的摩天轮。它在电影中出现过。

它就像自行车轮。预张紧的辐条可以帮助摩天轮抵抗压力。

97

碟 子

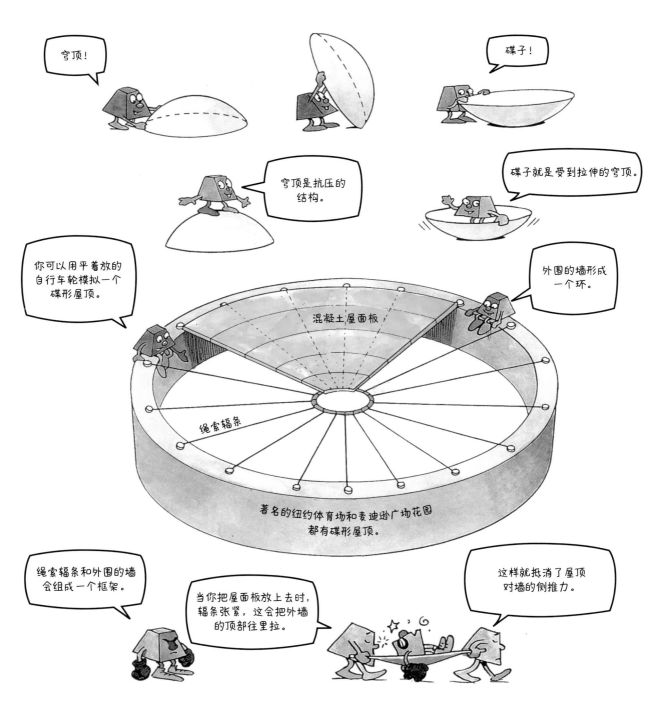

穹顶！

碟子！

穹顶是抗压的结构。

碟子就是受到拉伸的穹顶。

你可以用平着放的自行车轮模拟一个碟形屋顶。

外围的墙形成一个环。

混凝土屋面板

绳索辐条

著名的纽约体育场和麦迪逊广场花园都有碟形屋顶。

绳索辐条和外围的墙会组成一个框架。

当你把屋面板放上去时，辐条张紧，这会把外墙的顶部往里拉。

这样就抵消了屋顶对墙的侧推力。

平板

折 板

102

成形结构

布、帐篷和膜

用布和框架能搭出临时房屋。游牧民和旅人很早就开始这么干了。

布作为结构已经有上千年的历史了。

布结构能把你带到天上……

滑翔伞

在公元前100年的时候，中国人发明了第一顶降落伞。

可是……他们从哪里跳下来啊？

还能带着你在水上走。

帆船

我们还发明了风筝。

当然也能稳稳地送你下来。

英国苔德板球场

帐篷结构也常常用在屋顶。

充气结构

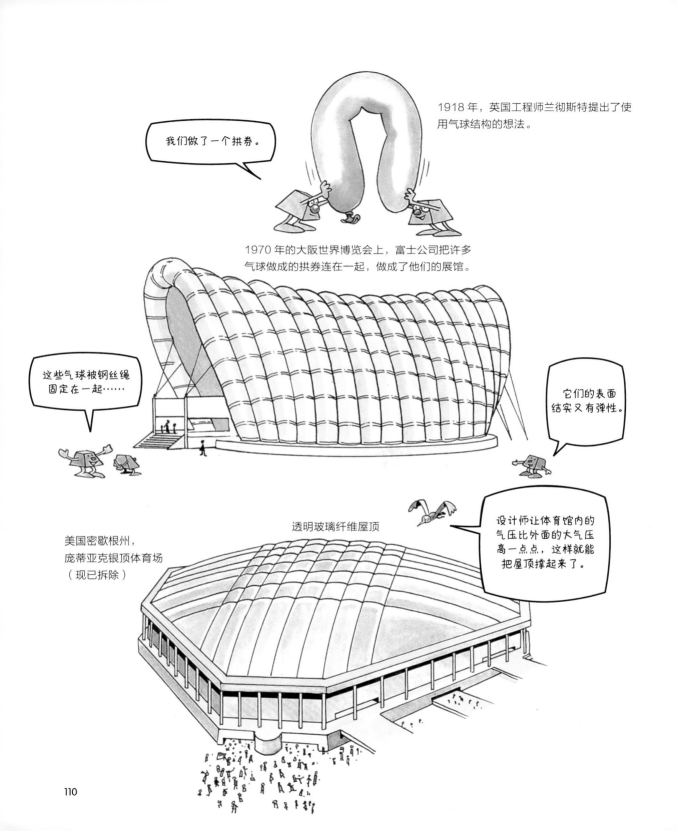

1918 年，英国工程师兰彻斯特提出了使用气球结构的想法。

我们做了一个拱券。

1970 年的大阪世界博览会上，富士公司把许多气球做成的拱券连在一起，做成了他们的展馆。

这些气球被钢丝绳固定在一起……

它们的表面结实又有弹性。

透明玻璃纤维屋顶

美国密歇根州，庞蒂亚克银顶体育场（现已拆除）

设计师让体育馆内的气压比外面的大气压高一点点，这样就能把屋顶撑起来了。

动态结构

后 记

欢迎来到结构的世界，希望这本书能给想了解结构的你带来一些帮助。

经过多年观察，我发现很多孩子都热衷于搭积木，然而很少有孩子真正了解结构。曾经，人们被结构问题困扰了几个世纪。即便是伽利略和达芬奇这样的天才，也曾经被结构难住。

为什么比起机械装置，结构似乎更加难以理解呢？这是因为你可以和机械装置互动，清楚地看见它们是如何启动和传动的。你转转这里，那里就沿直线移动；你推推那里，东西就会向上升起。然而，结构却很神秘。当你施加较小的载荷时，你可能看不出结构发生了什么变化。

科学家在结构的研究上花费了很长的时间。起初，他们一直把结构看作一个整体，然而研究进展并不顺利。直到他们开始研究结构上的某一个点时，才豁然开朗。英国的罗伯特·胡克和托马斯·杨，以及法国的柯西男爵都为此做出了非常重要的贡献。

1679 年，胡克发现给材料施加载荷时材料会伸长。如果施加 2 倍的载荷，它的伸长量会成为原来的 2 倍；把载荷去掉，材料又变回了原来的长度，这就是胡克定律。胡克破解了固体材料的弹性之谜。

1822 年，柯西男爵提出了应力的概念。载荷并不是解决结构问题的关键，应力才是。应力告诉我们有多少载荷集中在结构的一个点上。如果应力过大，材料就会断裂（当然，有些材料能更好地承受应力）。

1807 年 *，托马斯·杨结合胡克和柯西男爵的研究成果，提出了杨氏模量。有了它，不管遇上什么尺寸的材料，我们都能预测出它被施加载荷后发生的变化。

这些伟大的发现成了人们理解结构的科学基础。当你给结构施加载荷时，结构"吸收"了它，或者说"分担"了它。像拱券、框架等优秀的结构，都能有效地分担载荷。一种结构通常只能应对一类载荷。但是，只要结构上任意一点的应力过大——咔嚓，一切都毁了！

在胡克、柯西男爵和托马斯·杨之前，人们依靠经验建造结构。他们依靠"我觉得能行"的经验建造了雅典卫城、万里长城、帕特农神庙、巴黎圣母院……当然，这些建筑都很成功，但是只靠经验并不是次次都行。

* 这个时间早于柯西男爵明确提出应力概念的时间，但托马斯·杨参考的是柯西男爵在明确提出应力概念之前的研究成果。

你可能会问，为什么在今天，我们还是有可能造出失效的结构。例如，伦敦的"千禧桥"，建成不久就被暂停使用了。这是因为尽管我们能预测结构在载荷下的变化，但是有些时候，我们很难预测会遇上什么样的载荷。